我的第一本科学漫画书

升级版

科学实验王

KEXUE SHIYAN WANG

6 环保与污染
HUANBAO YU WURAN

[韩] 小熊工作室/著
[韩] 弘钟贤/绘
徐月珠/译

21 二十一世纪出版社集团
21st Century Publishing Group

通过实验培养创新思考能力

少年儿童的科学教育是关系到民族兴衰的大事。教育家陶行知早就谈道："科学要从小教起。我们要造就一个科学的民族，必要在民族的嫩芽——儿童——上去加工培植。"但是现在的科学教育因受升学和考试压力的影响，始终无法摆脱以死记硬背为主的架构，我们也因此在培养有创新思考能力的科学人才方面，收效不是很理想。

在这样的现实环境下，强调实验的科学漫画《科学实验王》的出现，对老师、家长和学生而言，是件令人高兴的事。

现在的科学教育强调"做科学"，注重科学实验，而科学教育也必须贴近孩子们的生活，才能培养孩子们对科学的兴趣，发展他们与生俱来的探索未知世界的好奇心。《科学实验王》这套书正是符合了现代科学教育理念的。它不仅以孩子们喜闻乐见的漫画形式向他们传递了一般科学常识，更通过实验比赛和借此成长的主角间有趣的故事情节，让孩子们在快乐中接触平时看似艰深的科学领域，进而享受其中的乐趣，乐于用科学知识解释现象，解决问题。实验用到的器材多来自孩子们的日常生活，便于操作，例如水煮蛋、生鸡蛋、签字笔、绳子等；实验内容也涵盖了日常生活中经常应用的科学常识，为中学相关内容的学习打下基础。

回想我自己的少年儿童时代，跟现在是很不一样的。我到了初中二年级才接触到物理知识，初中三年级才上化学课。真羡慕现在的孩子们，这套"科学漫画书"使他们更早地接触到科学知识，体验到动手实验的乐趣。希望孩子们能在《科学实验王》的轻松阅读中爱上科学实验，培养创新思考能力。

北京四中 _{物理教研组组长} _{物理高级教师} **厉璀琳**

作者序

伟大发明大都来自科学实验！

所谓实验，是为了检验某种科学理论或假设而进行某种操作或进行某种活动，多指在特定条件下，通过某种操作使实验对象产生变化，观察现象，并分析其变化原因。许多科学家利用实验学习各种理论，或是将自己的假设加以证实。因此实验也常常衍生出伟大的发现和发明。

人们曾认为炼金术可以利用石头或铁等制作黄金。以发现"万有引力定律"闻名的艾萨克·牛顿（Isaac Newton）不仅是一位物理学家，也是一位炼金术士；而据说出现于"哈利·波特"系列中的尼可·勒梅（Nicholas Flamel），也是以历史上实际存在的炼金术士为原型。虽然炼金术最终还是宣告失败，但在此过程中经过无数挑战和失败所累积的知识，却进而催生了一门新的学问——化学。无论是想要验证、挑战还是推翻科学理论，都必须从实验着手。

主角范小宇是个虽然对读书和科学毫无兴趣，但在日常生活中却能不知不觉灵活运用科学理论的顽皮小学生。学校自从开设了实验社之后，便开始经历一连串的意外事件。对科学实验毫无所知的他能否克服重重困难，真正体会到科学实验的真谛，与实验社的其他成员一起，带领黎明小学实验社赢得全国大赛呢？请大家一起来体会动手做实验的乐趣吧！

目录

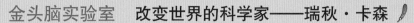

人物介绍

范小宇

所属单位：黎明小学实验社

观察报告：

· 非常顽皮，但具有直觉性思考的优点。

· 自认艾力克的聪明才智远比不上自己。

· 遇强（譬如士元）则强、遇弱（譬如心怡）则弱。

观察结果：对于心怡、实验、赚外快等自己所喜欢的事物总是表现出最积极的态度！

江士元

所属单位：黎明小学实验社

观察报告：

· 对于艾力克有着莫名的竞争意识。

· 即使面临重大危机，也始终能表现出一副泰然自若的态度。

· 幼年时经历过一次导致个性180度转变的重大事件。

观察结果：从与实验社朋友们的互动中，领悟到朋友的真谛！

罗心怡

所属单位：黎明小学实验社

观察报告：

· 外表柔弱但内心坚强的女孩。

· 对艾力克突如其来的告白感到困惑。

· 以防人之心不可无的心态面对瑞娜。

观察结果：误入瑞娜的陷阱后，反而变得更加成熟！

何聪明

所属单位：黎明小学实验社

观察报告：

· 和小宇整天吵闹不休，却也是小宇最好的朋友。

· 校内所有师生公认的资讯通。

· 决不遗漏与他人有关的资讯。

观察结果：痴迷于实验社与林小倩。

艾力克

所属单位：无人知晓

观察报告：

· 世界知名的科学精英。

· 普通话说得不太流利。

· 最讨厌柯有学老师夸奖小宇。

观察结果：对于柯有学老师的门生、黎明小学实验社成员莫名地感兴趣！

江瑞娜

所属单位：大英小学实验社

观察报告：

· 总是充满自信，自尊心与好胜心也非常强烈。

· 为了报复江士元，不惜千方百计利用心怡。

· 为了达到自己的目的，可以不择手段，不顾朋友。

观察结果：因一场误会，加深了对黎明小学实验社的憎恨！

金石小学实验社

· 因两名成员是死对头而总是吵闹不休的实验社。

· 具备就连太阳小学许大弘都感到佩服的超强实力。

其他登场人物

❶ 士元与瑞娜的幼时玩伴，太阳小学实验社的领军人物许大弘。

❷ 比任何人都更疼惜黎明小学实验社的黎明小学校长。

❸ 身份不明的黎明小学实验社导师柯有学。

❹ 跆拳道少女林小倩。

第一部

进入新世界的钥匙

报告书。

〈概念〉

实验室实验器具整理
目标：熟悉器具的特性

〈原理〉

啪啦

〈实验大

嗯……

距离复赛还剩一星期，
目前还算稳定……

尤其具备优异的应变能力。

观察结果

距离复赛还有一星期，

目前还算

正是如此！
你还记得我在英国时常
对你说的那句话吗？

直觉性思考——

那就是进入新世界的一把钥匙！

插入

当我决定放弃实验时，
你也说过同样的话呢！

直觉性思考就是进入新世界的一把钥匙！而你手中正握着它！

只是当时的你并没有秃头……

在我的指导下，我相信小宇的概念理解、原理运用和思考能力将会逐渐步入正轨，

并且它们将产生相乘效果，进而促使他的能力更上一层楼！

哼……

唰！

万一失败了，
你可不要大失所望哟！

别忘了，你最得意的门生就在这里。

咔啦

狂摇尾巴

嘿嘿

来，这个实验你上次已经做过了，应该记得吧？

当然。

万岁！这可是加分的最佳机会！

唰

好，现在就来制作植物表皮的玻片标本[1]。

嗯，看我的！

嗯......

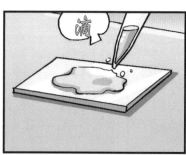

滴

放

注意：做实验时不能像小宇一样用手盖盖玻片，要用镊子哟！

好，完成了！

注[1]：玻片标本就是将准备用显微镜来观察的较小的生物体或者生物体的薄片放置于载玻片上，再将盖玻片覆盖于其上所制成的标本。

19

好，先将这个玻片标本正面朝上放置在载物台上，并用压片夹固定。然后转动转换器，使低倍物镜位于镜筒下方。

调整反光镜，得到适当的光线。

接着转动粗准焦螺旋，直到低倍物镜接近玻片标本为止，注意，物镜不要碰到玻片标本。

哦？

哦？

接下来透过目镜观察标本，并将粗准焦螺旋往反方向转动，即可呈现影像。

转动粗准焦螺旋……

啊，看到了，不过……有点模糊啊！

好，这时转动细准焦螺旋，直到呈现更加清晰的影像。

20

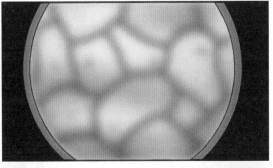

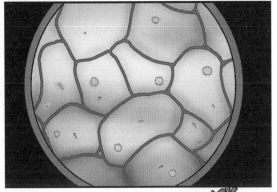

是啊，甚至也可以观察你身体的细胞呢！

我的细胞？

既然时间还早，我们现在就来试试好了！

啊？你说现在？

真的可以当场观察到我的细胞吗？

该不会是要抽我的血吧？

啊！

我要你的血……

来，我们开始吧！

哎呀，我不要抽血！

只要利用棉花棒……

刮刮

谁说要抽血？

在口腔内壁轻轻刮个几次，即可提取细胞。

刮来 刮去

啊……是口腔内壁的上皮细胞……

太神奇了！这属于动物细胞，对吧？

把植物细胞与动物细胞相比较，可以清楚了解两者的差异。

细胞质

细胞核

动物细胞　植物细胞

细胞质

细胞核

细胞壁

细胞内部有各种细胞器，而两者都具有细胞核与细胞质。

不过，只有植物细胞才会有细胞壁。

植物细胞具有细胞壁，而动物细胞则没有……

对……

这是细胞核吗？

我发现你变得非常用功。你真的进步很多。

25

啊，士元！你要开始回兴趣班上课了吗？

嗯。

哇！

哈哈，太好了！

真是太好了！

好什么？

我……我……

看到你恢复健康，真是太好了。

慌张

迟……迟到了，赶快进去吧！

……

嗯？

哇！

哇啊……

发生什么事了吗？

哔哔
哔哔

心怡，你来啦！

我的妈呀，士元也来了呢！

惊讶

阿英，现在是什么情形？

告诉你们一个天大的消息！今天才到任的老师正在院长面前进行示范实验。

新到任的老师在做示范实验？

嗯！不过令人惊奇的是……

嘿……

29

哇啊

哦哦！

哇啊！

抱歉，借过一下。

好奇

哦……

因此，在饮用的自来水检测中，最重要的事情之一就是测细菌的数量。

开启

饮用自来水不得检出大肠杆菌，而且pH值须介于6.5～9.5，同时必须通过各项重金属检测。

然而，自来水经过旧水管时，可能会混入一些锈或重金属，同时也可能会带有消毒剂的味道。

握

31

小烧杯里开始积水了!

那些水是打哪儿来的?

水的沸点是100摄氏度,而液态水加热到沸点以后会剧烈汽化。

沸腾 沸腾

滴 滴

而水蒸气温度下降后,会重新凝结为液态水。

你们所看到的水就是水蒸气碰到漏斗后,

液体 液体

气体 气体

因温度下降而凝结的水。

我也知道水有这种性质……

你又怎么证明那是纯净水?

那是因为吸热,只有水会变成水蒸气,杂质会残留而不蒸发,水蒸气变成水之后,

哦哦哦

33

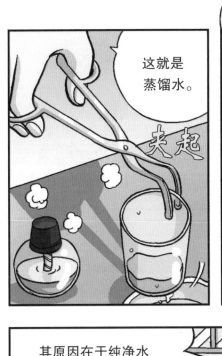

这就是蒸馏水。

夹起

蒸馏水的pH值是7，是完完全全的中性。

因此，它在需要纯净水的化学实验和化妆品、食品、药品等很多领域被广泛使用。

其原因在于纯净水不仅干净卫生，

啊……

还不会干扰各类化学反应。

虽然纯净水的使用范围非常广泛，

但也有不能使用的地方。

啊？

士元！

没错!
你讲到重点了。
就是……

咚

生物!

生物?

我们不能喝
蒸馏水吗?

议论纷纷

帅呆了!

原因是在制造蒸馏水的过程中,
虽然可以去除重金属和细菌,
但也会因此流失生物
必需的矿物质。

矿物质包括钙、磷、钠、
碘、镁等,而生物若无法摄
取足够的矿物质,便会患上
免疫力失控所导致的疾病。

Ca

P

Na

Mg

I

此外,动物可以从
其他食物中摄取矿物质,
但植物则不能。这也就是
为什么不能用蒸馏水养
植物的缘故。

既然你懂
这么多……

哼

没错，当泥浆经过各种物质时，便被过滤掉杂质。尤其以木炭表面的小孔最具净水的功能。

但光凭这个过程，真能制造出纯净水吗？

嗯？难道不行吗？

你可以闭嘴吗？

或许可以过滤掉水中的重金属和其他杂质，但这种方法无法杀光微生物。

啊……

39

什么是酸雨？

溶液的酸碱度是以氢离子浓度来计算的，常用pH值表示。pH值通常介于0到14之间，其中pH值等于7为中性，pH值低于7时为酸性，高于7则为碱性。

正常雨水的pH值为5.6，但在大气因为工厂或汽车所排放的废气而遭受污染的地方，则会下起pH值低于5.6的雨，而这就是所谓的酸雨。酸雨不仅对自然环境造成严重威胁，同时也危及人类的安全。酸雨对森林的影响尤其巨大，那是因为酸雨会使土壤的物理和化学性质日趋不适合生物生存。

酸雨导致山林逐渐凋败

大量的环境监测资料显示，由于大气层中的酸性物质增加，地球大部分地区上空的云层水汽可能变酸，如不加控制，酸雨区的面积将持续扩大，对人类的危害也将与日俱增。现在我们就以简单的实验，来探究酸雨对环境所造成的影响吧！

实验1　酸雨和植物

准备物品： 玻璃杯2个 、食用醋1汤匙 、树叶2枚 、自来水

❶ 在两个玻璃杯外侧分别标示"自来水"与"酸雨"，之后各倒入半杯自来水。

❷ 在标示"酸雨"的杯中放入食用醋1汤匙，以替代酸雨的酸性水。

❸ 在两个玻璃杯中分别放入1枚树叶，并于一天后进行观察。

❹ 一天后可以发现，放入自来水中的树叶几乎没有太明显的变化，而放入酸性水中的树叶则会变成黄色。

这是什么原理呢？

树叶之所以会变成黄色，是因为酸性物质溶解了树叶表面的蜡质，然后渗进叶肉，造成叶绿素变色。真正的酸雨中所含的重金属等各类污染性成分，不仅可渗入植物的叶片，更会渗入植物周围的土壤，进而导致植物枯萎。

酸雨降雨量较多的地区，由于植物难以生存，可能会变成草木不生的沙漠，同时对植食动物、肉食动物和人类造成巨大的影响，进而造成整个生态系统的崩溃瓦解。

除此之外，酸雨会直接影响人类饮用水的安全，同时还刺激人类的皮肤和眼睛，容易引发各种气管疾病和皮肤病。所以下酸雨时，需格外注意自身的安全。

实验2 酸雨和建筑物

准备物品： 玻璃杯2个 、食用醋1汤匙 、自来水 、无灰粉笔1支 、
牙签1根

❶ 同实验1步骤，在两个玻璃杯中分别倒入自来水，并在其中一个装有自来水的玻璃杯中加入食用醋，以替代酸雨的酸性水。

❷ 将粉笔切为两半，并用牙签在其表面刻字或绘画。

❸ 在两个玻璃杯中分别放入半支粉笔，并于一天后进行观察。

❹ 观察时可以发现，放入自来水中的粉笔没有太多变化，而放入酸性水中的粉笔则几乎无法辨认原本刻在粉笔上的字或图案。

这是什么原理呢？

刻在粉笔上的字或图案之所以会变得模糊不清，是因为粉笔的主要成分碳酸钙与醋起了化学反应，粉笔被溶解了。碳酸钙为水泥和大理石的主要成分，建筑物一旦长期暴露在酸雨之下，其表面就很容易受到腐蚀。另外，酸雨也会使暴露在户外的雕像受到侵蚀，造成文化遗产的破坏，令人担忧。其中最明显的例子，是希腊雅典的帕提侬神庙、印度的泰吉·玛哈尔陵，以及英国的威斯敏斯特教堂与伦敦塔等古迹，这些建筑物的表面早就被酸雨严重腐蚀。

酸雨导致帕提侬神庙的外墙逐渐腐蚀

注意：本实验请使用直径较细、密度较大的无尘粉笔，这种粉笔的成分才是碳酸钙。一般粉笔的成分是石膏（二水硫酸钙）。

欢迎来到G博士的环境讲座!

嗯哼

今天的演讲主题是"居家环保的概念"。

浴室

若能够节约使用洗发水和香皂!

并懂得调节清洁剂的剂量,即可有效降低水质污染!

若能够尽量少用含氟氯碳化物的冷气机或定型液等产品,即可有效降低大气污染!

✕ 防蚊液

✕ 定型液

✕ 冷气机

只好用唾液来造型了!

另外,沾有油垢的碗盘,请先以面纸擦拭后再清洗!

擦拭

擦拭

室内维持适当的温度,即可有效降低化石燃料所排放的有害气体。

博士,你又偷穿了人家的内衣!

第二部

两个天才的邂逅

兴趣班？
该不会是指心怡就
读的兴趣班吧？

我记得你是因为
滞留国内期间，需要一
个进行实验的地方……

可做实验的地方到处
都是，更何况凭我的实力，
不怕没地方落脚。

吃惊

要帅

我选择那个兴趣班
是因为……

原因是？

因为心怡你在那里上课。

惊

啊？

这是什么？

湿答答

啊！是鸟屎！

呀！

啪！

这次又是什么？

有东西从天而降！

拍动

拍动

紧张

拨开

挣扎

啊！这……
这是……

不要动啦！

即便如此，你也不该带到这里来啊！

不然呢？难道你要见死不救，眼睁睁看它垂死挣扎吗？

嗯……

从鸟喙是黑色，尖端带有黄色，

身体呈棕色与黑色，腹部为淡棕色，

尾羽黑色，末端略带白色……

脚部为橙色并有蹼的特征来看，

哦……

它是属于雁形目、鸭科、雁属的"大雁"。

看来应该是翅膀受伤才会掉下来……

好可怜呀……

只要治好翅膀，它就可以回去了吗？

回去？

你怎么知道大雁会回去？

什么？你又把我当傻瓜！

你没见过雁群在春秋两季组成迁徙队伍飞行的场景吗？

对！

这类的鸟叫作"候鸟"！

点头 点头

……

每年秋季时来到这里过冬，春季时北返繁殖下一代！

哇哈哈哈哈

嘎 嘎

他们俩看起来挺像的嘛……

你分得出大雁和燕子有什么不同吗？

嗯？

燕子属于夏候鸟，而大雁属于冬候鸟，所以它会在秋季时飞来这里。

原来大雁是喜欢寒冷的鸟类。

什么叫喜欢寒冷？大雁是来避寒的。

由于冬天时大雁的主繁殖地西伯利亚的气候非常寒冷，觅食困难，因此它们选择在温暖的南方避寒，而春季时再度返回北方。

惊讶

哇……西伯利亚？

哇

原来你们是喜欢旅游的鸟类呀!

嘎嘎 嘎嘎

韩国正好位于候鸟从西伯利亚飞往大洋洲的主要迁移路径,因而你可以看到超过一百种的候鸟。

西伯利亚

韩国

大洋洲

啊?飞往大洋洲?

痛哭流涕

你这笨蛋!你干吗要飞得那么辛苦!你就不能忍受寒冷吗?

呱

抱紧

就像企鹅或北极熊那样啊,要不然就干脆定居在大洋洲嘛!

那就是动物的行为模式。

动物的……

行为模式?

57

动物的行为模式和你们所想的差不多。

就如聪明所言，有些动物每年都会为了寻找条件更佳、食物更多的地方而迁移。

代表性的动物有驯鹿、海豹等。以海豹为例，它甚至可以从南美洲海域迁徙至大西洋，旅行14400千米。

海豹

驯鹿

鹰

北极狐

如小宇所言，当然也有选择以适应环境的方式求生存的动物。包括由于食物的不同因而喙呈现不同形状的鸟类、善于伪装的变色龙，以及皮毛在夏季时呈棕色、冬季时则呈银白色的北极狐等。

当环境持续改变时，唯有能够适应变化的动物才能存活。

另外，如心怡所言，也有冬季时进入冬眠状态，等到气温回升后再出来觅食的动物。

蛇

青蛙

瓢虫

獾

所谓冬眠，就是动物在食物不足的冬季，为了适应外界不利的环境条件而改变生活方式，进入长期休眠的状态。这一类的动物有蛇、青蛙、獾、熊等。

你们说动物是不是很伟大呢？不吃，不喝，可以睡好几个月，

又懂得伪装，甚至可以迁移非常遥远的距离！

没错！唯有动物才有能力逃过劫难！

真是如此吗？可惜生存能力再强的动物也难逃灭绝的命运。

石化！

像你这种低能的人类都能存活，动物怎么会灭绝？

暴怒！

嗯哼！

就是人类造成的环境污染，导致如今仍有许多动物面临灭绝的危机。

人类造成的环境污染，导致动物面临灭绝的危机？

你的意思是……人类所造成的环境污染，导致人类也会遭殃啰？

人类终究也难逃灭绝的命运是吗？就像恐龙灭绝那样吗？

我不想死啊！我这么帅的人怎么可以死！

放手！

咕噜

泪眼汪汪

呜呜

哈哈哈

孩子们，事态没有你们所想的那么严重。

咦，真的吗？

恐龙的灭绝不是人类造成的，不过各种环境污染的祸首确实是人类。

啊！

您的意思是造成环境污染的元凶是人类，而人类也有能力杜绝环境污染吗？

啪

来，治疗的事情就交给老师处理，你们先回去好好休息吧！

好！

不要沮丧！一旦赢了明天的比赛，我会允许你加入医护团队的！

你给我听清楚，

实验室可不是儿童乐园，不要给我随便捡东西回来。

你说什么？你这冷血又无情的坏蛋！

呜啊啊啊啊

真是气死我了!

他把生命当成什么了?

没良心的家伙!

哈哈哈，你又和士元吵架啦?

什么吵架?明明就是他先找我的碴儿!

他的个性太偏执了!

不，我认为他本来的个性应该不是那样。

啊?

那你怎么会了解士元的过去？

我倒想反问你，同样身为实验社的成员，你怎么会不了解他呢？

也对，这种不可告人的秘密知道的人越少越好……

惊骇！

不可告人的秘密？

多少钱？

到底是什么事？你就说嘛！士元现在正面临许大弘和瑞娜的双重夹击，

而无辜的心怡也不断被瑞娜的利用，我不能就这样坐视不管！

我先走了。

喂，慢着！

所以……

……

你怎么独漏了你担心心怡的这件事情？

哇，天哪！你怎么会知道？

脸红！

范小宇,黎明小学实验社成员。专长是赚外快、惹是生非,为了追求心怡而加入实验社,对吧?

你是谁派来的?难不成是间谍?

我是太阳小学广播社的成员,收集各类资讯是我的专长。

不过你根本就没有提供给我任何资讯,那我也就没必要提供资讯给你啰!

……

拜托啦!这件事情对我非常重要!

这可是你们之间的私人恩怨,关我什么事?

哼!

据我所知,你们实验社也有像我这样的资讯通,你何不找他呢?

实验社……资讯通?

啊!

啊，我的目标来了，我先挂了。

好！

心怡，你来啦？

哦，瑞娜。

惊骇

你也刚到吗？

没有，我是在等你。

你……你在等我？

嗯，我有重要的事情要跟你说。

瑞娜的实验课程？
有点不对劲……

这……我……

她的意图应该
并不单纯……

紧张……○○○○○○

不过……

点头

好啊，
我陪你去。

我要正面
迎敌！

开心

太好了，
现在就去我家上课。
我们走吧！

你完蛋了！
哈哈哈哈！

何聪明！
你给我出来！

改变世界的科学家——瑞秋·卡森

蕾切尔·卡森是美国的海洋生物学家，也是一位自然科学作家。在世人对环保没有任何概念的时候，她是第一位不畏权势向人类提出警讯，告知社会大众杀虫剂会严重影响人类及生态环境的学者。蕾切尔·卡森著有经典之作《海风下》《周遭之海》《海之滨》等，而《寂静的春天》更是对后世产生深远影响的一部著作。

蕾切尔·卡森（1907—1964）
美国的海洋生物学家、环保人士。提出化学杀虫剂和农药的危险性，促使人类对环保的关心与研究。

当时美国的化学界发现DDT对杀虫非常有效，能使农作物丰收，因此将其视为便宜、有效又安全的仙丹，促使商界大量推广。1957年，位于马萨诸塞州鸟类保育所的小鸟因为飞机喷洒的DDT而中毒。经抗议无效后，卡森的朋友荷金丝转而寻求卡森的协助。卡森担心春天将因失去鸟鸣而寂静，在前往华盛顿找人帮忙时，她萌生必须出书来将真相告诉世人的念头。而后，她于1962年发表了她的代表作《寂静的春天》。总统肯尼迪在读完该书后，立刻要求"科学顾问团"审查，结果证明卡森的观察属实。

卡森的努力不仅促使美国政府在1970年成立环保专案委员会及美国环境保护署（EPA），同时她也是促使美国政府设立"世界地球日"的关键性人物。世人对环保的概念可以说因她而萌芽，因此也可以说她是一位伟大的环保先行者。

第三部 瑞娜的阴谋

被你害得我一个月不能进图书馆!

大吼

真好笑,这跟我有什么关系?要不是你在里面大吼大叫,也不会落得如此下场。

暴怒

谁叫你先知情不报!该当何罪?你这样还算朋友吗?嗯?

那是……

掐紧

不要再找借口了,赶快说!从实招来,快!

好好,我说!

你先放开我才能说呀!

掐

掐

若不是这一类的解剖实验，人类就不可能拥有如此发达的生化科技，更不可能开发出各种可以救活无数生命的药物。

是，没错……

哼……

是吗？既然能够认同这个事实，那你就有资格上我的课程。

想要做真正的实验，最重要的就是得先克服自己内心的恐惧，敢于直面其他人的反对。

伸入

只要过了这一关，你就会变得天不怕，地不怕了。

该不会……

转身

锵锵！今天的课程，就是解剖兔子！

啊……

解剖兔子？

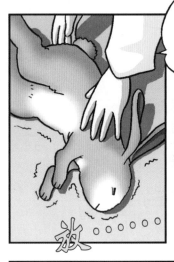

你知道在韩国每年死于动物实验的动物数量达400万只吗?

不要……

听说美国远超过3000万只呢,很不可思议吧?与这些天文数字相比,死一只兔子算是小事一桩。

压住

看好,这里就是你将要解剖的部位。

不要!住手!

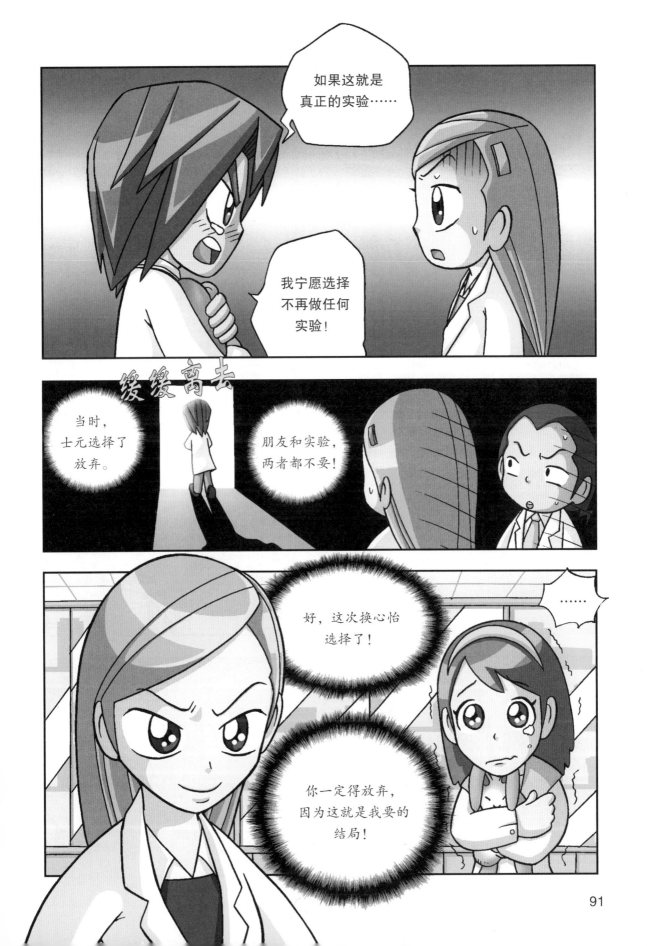

91

就如同士元所为！

呼呼呼

哼，真是一群坏蛋！我快要忍无可忍了！

颤抖 颤抖

从此以后，士元有好几年的时间再也没有接触过任何实验。

不过，看到他再度接触实验后，瑞娜和许大弘认为士元已经回心转意。

在我看来，士元是因为……

原来……

是因为喜欢实验，所以才会回心转意。因为他热爱……

点头

诡异

小子啊!

你也开始喜欢搞神秘了是不是，嗯?

这件事你干吗要瞒到现在?

啪啪啪

哎呀! 那……那是……

因为我也是这两天才得知这一则资讯呀!

哎呀呀……

我又不是故意要隐瞒你……

啊!

现在你已经了解士元的苦衷了。明天比赛时，你应该不会再找他麻烦了吧?

什么?

你什么时候看过我找他的麻烦?

每次先找麻烦的都是他!

算了，算了!

暴跳如雷

算你个头! 你这是在找我麻烦是不是?

93

喂，江士元！你就是不能比别人早到吗？

你不也是刚刚才到？

什么叫"刚刚才到"？我来已经超过3分钟了！

奇怪了，怎么不见心怡的踪影……

啊……

真的很奇怪呢，以往心怡总是第一个到的呀……

该不会发生了什么事吧？

……

听艾力克说，心怡昨天没有去兴趣班上课呢……

啊？心怡没有去兴趣班上课？

那就更加不寻常了。

照这么说，嗯……

？！

没错……

什么呀？你说话呀！干吗一副神秘兮兮的样子！

发飙

或许是个巧合，但昨天瑞娜也没有去兴趣班。

瑞娜也没有去？

我甚至知道你昨天没有去兴趣班上课！你究竟对心怡做了什么坏事，害得她到现在还没有出现在比赛会场，快点说！

心怡没有到会场？我的计划总算成功了。

你帮我转告士元，心怡似乎跟你一样放弃了做假的实验。就照我说的转告他，他应该会明白。

啊？假的实验？你这是什么话呀！

喂？喂？回答我！

她说假的实验？

你看！她一定是对心怡做了什么坏事！

不可能会是假的……

不……不会的。

……

使用烧杯的注意事项

清洗烧杯可是我范小宇的专长哟!

　　烧杯是玻璃、塑料等材料制成的化学实验器皿,常用来配制溶液和作为较大量的试剂的反应容器。烧杯呈圆柱形,顶部边缘开有一个槽口,便于倾倒液体。有些烧杯外壁还标有刻度,可以粗略地计量烧杯中液体的体积。想加热烧杯内的液体时,应搭配使用陶土网,以防止烧杯因受热不均而发生爆裂。

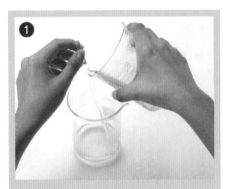

❶ 倒入液体时,将烧杯的杯口靠近玻璃棒,让液体能够顺着玻璃棒流入烧杯内。

❷ 混合粉末试剂时,先用药匙将粉末试剂盛入烧杯后,再用玻璃棒搅拌即可。

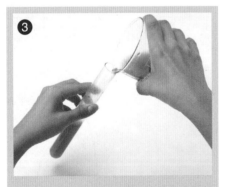

❸ 将烧杯中的液体倒入试管时,用左手握住试管并缓缓倒入,让液体能够顺着试管内壁流入试管内。

❹ 使用过的烧杯应用清水洗净,沥干后用倒置的方式存放于适当的干燥通风处。

使用铁架台的注意事项

　　铁架台用于固定和支持各种仪器，铁圈可代替漏斗架使用。一般常用于过滤、加热、滴定等实验操作。是物理、化学实验中使用最广泛的仪器之一。常与酒精灯配合使用。将铁架台设置于不会晃动的平整台面，并用螺丝固定底座，以免滑动。保管时，应将各组件分开保管，以防止破损。

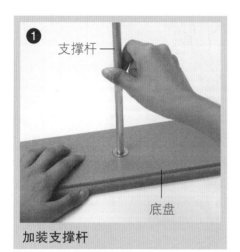

加装支撑杆

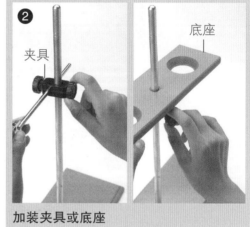

加装夹具或底座

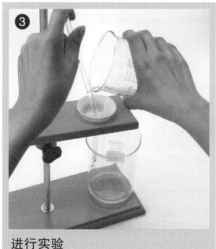

进行实验

❶ 将支撑杆对准底盘的螺纹旋到底，使之固定。

❷ 依照实验内容，将夹具和底座调整至适当高度，使其与底盘保持平行，并用螺丝锁紧。

❸ 利用所需的工具进行实验。

第四部

揭开泥土的
神秘面纱

还有，输了这一场比赛，我相信他就会明白这一切都是靠运气得来的。

那倒未必。我认为凭士元个人的实力，就可以轻易地打败金石小学！

你有没有搞错？

士元的实力并没有你想象中的那么强！

更何况金石小学的实力也不容小觑……

成绩总是保持在金石小学全校第一名的孔俊秀！

曾获无数科学竞赛大奖的吴英蓉！

孔俊秀的挚友，也是竞争对手，李次席！

他们绝对不是可以
轻视的对象……

众所皆知，由于在
前场锦标赛勇夺第2名的
高手小学弃权，

所以主办单位决定今天
补办一场复赛，由在场两所学校
争夺最后一个全国大赛
的参赛资格。

为此，今天我们
特别准备了一场
可以客观评分的
实验。

紧张

那些是泥土！

这些是分别在不同地点采样的泥土。这场比赛的主题，就是解答这些泥土的来源地！

泥土的来源地？

现在请两队分别领取4种泥土，实验时间是20分钟！

可灵活运用任何实验器具。

不必提交实验报告，这次我们会以写在烧杯上的答案进行评分。

请两队凭自己的实力进行比赛，大会绝不允许任何作弊的行为。

好的，现在宣布比赛正式开始！

咚

由于时间非常仓促，我建议每个人各自拿一种进行实验。

我赞成，这样就足以在20分钟内完成实验。

好，那就每个人各负责一种。记住，不许出任何的差错！

还有……

火药味……

你不许给我出错！

同学们，冷静一点！

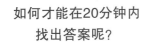

如何才能在20分钟内找出答案呢？

思考……

……

我们何不每个人各自负责一种呢？

对呀！

这样或许可以节省时间，但也有可能忽略别人所发现的特征。我的看法是……

塔答答

依照泥土的特征，我们分成两组：1、2号是泥浆，3、4号是干土。

好主意！这样不仅能进行比较，也能在时限内完成实验。

好，心怡和聪明负责干土，我和小宇负责泥浆。

啊？

我为什么要跟你搭档？

请你认清自己的知识水准，这样才能让两组的实力达到均衡。

你说谎！你明明就是需要我这天才般的才华！

吼吼吼

握

3

4

干土分布的地点太广泛了，所以单靠观察是难以找到答案的。

我们得进行各种实验，并根据得到的结果，掌握泥土的特性。

你的意思是通过它们的特性去追溯来源地吗？

好！

那我也来做实验！

蕴藏泥浆的地方并不多，因此我们应该先观察和推测，进行符合其特征的实验，

其他方式？

再加以证明泥土的来源地。

你先慢着，我们要采用其他方式进行实验。

咦？

他们采用的是通过实验所得到的结果来下结论的归纳法，

而我们所采用的是先假设，再以实验加以证明的演绎法。

归纳法

会溶于水，带有咸味，所以它是盐。

咸！

演绎法

若是盐，会带有咸味，同时也会溶于水。

咸！

两者有何不同？

喂，江士元！

火冒三丈

转身……

归纳……

演绎……

你干吗专挑这些有难度的名词来做解释，你是在整我吗？

你想听更难的吗？

世界上最困难的事情，就是"清楚地了解自己究竟想知道什么"。

嗯？清楚地了解自己究竟想知道什么？

你若懂得这个道理，就可以在数万种实验方法中，选择最适合的一个。

啊！

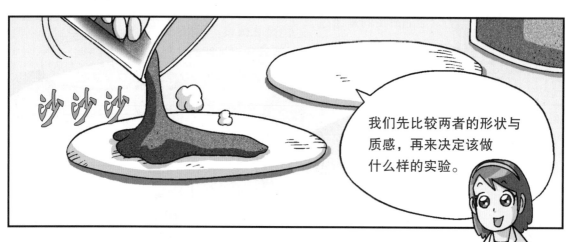

我们先比较两者的形状与质感，再来决定该做什么样的实验。

从泥土结块的情形来看，3号土明显比4号土来得潮湿。

4号土带有一点灰色，跟3号比起来也比较干，团块也比较多。

我想3号土之所以会呈现黑色，应该是受到油垢等污物的污染所致。

若是如此，这些泥土里一定会含有一些污染物，我们将它们加以分离吧！

咦？你是指先查出泥土里的成分吗？我记得之前跟太阳小学比赛时也这么做过呢！

115

换句话说，你很清楚你想了解的事物啦？

当然，你看一下这两种泥土的形态。

能形成泥浆，就代表它所在的地方有水。

没错，泥浆里有水！

有水的地方不就是海……啊！也包括江河、池塘和湖泊！

海

湖泊

江

其中，海水是最具明显特征的水。

海水？

啊……没错！

因为海水是盐水，

所以我想知道的是……

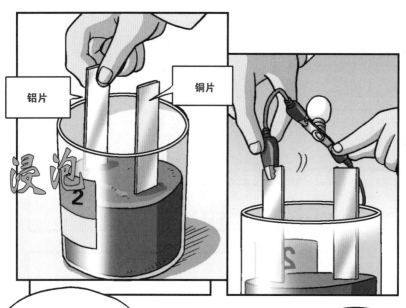

铝片

铜片

浸泡 2

你在干吗？不是说要检测盐分的吗？

怎么突然做起电气实验了？

你忘了上次匹诺曹以铜板电池从鲸鱼的肚子里逃脱的事吗？

如果含有盐分，就会使连接铜片与铝片的这个灯泡变亮。

亮起！

卡嚓

亮起

没错！盐水会导电！

灯不亮呢……

毫无动静

看来2号没有盐分。

接下来试试1号。

这样夹住……

亮起

灯亮了！

看来1号确定是海边的泥土。

呜哇哇

好，把答案写上去。

奇怪了，海边也会有泥浆吗？不是只有沙滩吗？

喃喃自语

你该不会不知道在海边的生态环境中扮演重要角色的泥滩吧？

哎呀呀，泥滩！

怎么会不知道？人家只是一时忘记了嘛！

喃

写

写

1

泥滩

算你好运，单靠一次加热实验就能确认含有盐分。

什么叫好运？这可是实力。

我外婆家附近就有一个海滩。

每当假期我就会跑到泥滩去捡贝壳，怎么可能不熟悉这海水的味道呢？

哼！

李次席，看来你根本就是摸不着头绪嘛！要不要我来帮你呀？

你给我闭嘴！休想碰我的实验！

2号土的臭味已经传到这里来了，你想过那是什么味道吗？

这种味道是微生物的过量繁殖产生的。也就是土里含有过多的水分、养分，促使微生物快速耗尽水中的氧气，然后排出代谢产生的气体而产生的腐臭味。就像绿藻那样。

绿藻

没错，这也就代表鱼类无法生存于这样的水质中，原因是水的含氧量严重不足。

假设含氧量不足，就代表不是江或溪流这种会流动的水，而是积水或流动极为缓慢的水。

早该想到了吧？

哼！

少啰唆！

先将2号泥浆放入，经过搅拌后，

搅拌

搅拌

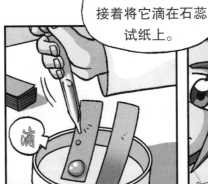

吸入滴管内，接着将它滴在石蕊试纸上。

滴

如果它是酸性的，蓝色石蕊试纸会变成红色……

紧张

紧张

咚

怎么可能！红色石蕊试纸竟然变成蓝色了！这么说……

虽然稍嫌弱了些，但分明是碱性。结果出乎我们的预料……

问……

啊！

注意，比赛时间还剩5分钟。

啪……啪

126

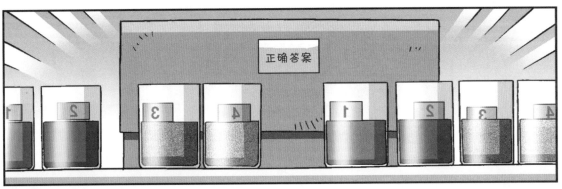

看来那些就是答案了！

嗯？

128

131

水质检测实验

	实验报告
实验主题	我们平常所饮用的自来水和下水道的污水，在成分上有着极大的差异，使用特定的试剂就能够轻易将这些差异比较出来。让我们通过各种实验来一探究竟吧！
准备物品	❶ 试管4支　❷ 试管架　❸ 纳氏试剂　❹ 亚甲蓝溶液 ❺ 烧瓶2个　❻ 下水道污水　❼ 自来水　❽ 滴管2支 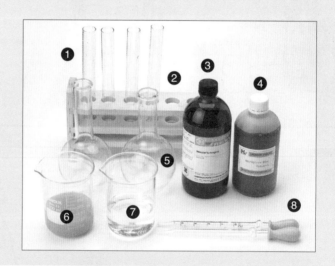
实验预期	自来水在各种检验中将会呈现出与下水道污水不同的结果。
注意事项	❶ 请使用现接的自来水。 ❷ 使用试剂时请特别小心，以免弄到衣服上或对皮肤造成伤害。 ❸ 一支滴管只能取用一种试剂。

❶ 在两个烧瓶内分别倒入自来水和下水道水各100mL，并观察其颜色与透明度。

❷ 将烧瓶用力摇晃数下，此时请注意不要让液体溢出。接着以轻轻挥动手掌的方式扇风，并闻一闻气味。

❸ 将两个烧瓶内的水分别倒入试管约三分之一，接着以滴管将纳氏试剂各滴入1mL，之后观察颜色的变化。

❹ 将两个烧瓶内的水分别倒入试管约三分之一，接着以滴管将亚甲蓝溶液各滴入两滴，之后观察颜色的变化。

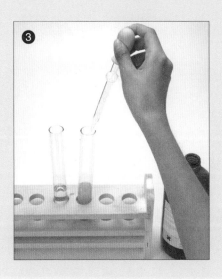

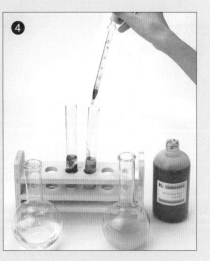

实验结果	自来水	下水道污水
颜色	透明	呈浑浊的黄色，水中含有漂浮物
气味	能闻到淡淡的消毒剂气味	能闻到腐败的气味
纳氏试剂	无任何变化	变成黄棕色
亚甲蓝溶液	变成天蓝色	蓝色褪去

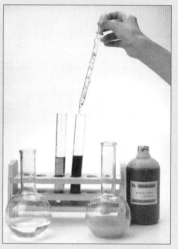

这是什么原理呢？

　　水中的微生物或重金属含量越高，则颜色常常越浑浊，并且会带有一股腐败的气味。

　　纳氏试剂遇到氨或铵离子时，便会呈现黄棕色，而下水道污水正因含有此类氨氮成分，所以才会变成黄棕色。

　　亚甲蓝溶液在氧化性环境中呈蓝色，但遇锌、氨水等还原剂会被还原成无色状态。水的含氧量越高，则代表对人体健康越有益。自来水经过各种过滤和净化过程，最终变成干净的水，所以滴入亚甲蓝溶液才会变成天蓝色。而下水道污水因含有大量的消耗氧气的微生物，导致含氧量不足，且污水中含有的氨水和重金属对亚甲蓝溶液有还原作用，所以滴入亚甲蓝溶液的污水呈现出的颜色与自来水有显著的差异。

好，接下来我们来探索减少户外环境污染的方法。

前往近距离的地点时，徒步或利用大众交通工具，即可减少汽车的废气排放。

只不过一站的距离而已，你就非搭巴士不可吗？

容易造成土壤污染的垃圾，就一定要丢入垃圾桶！

啊！那是我的笔记本啊！

不可以随意燃烧东西哟！否则可能会产生有毒气体呢！

啊！我的实验服！

实验后剩下的化学药品千万不可以随意丢弃哟！记得一定要做好回收处理。

最重要的是要对环境抱一点感恩的心！

如此一来，环境会以更美好的方式来回报我们！

也别忘了感谢我为环保所做的努力哟！

第五部

全国大赛参赛权

注[1]: 保水力就是土壤保存水分的能力。

整理一下好了。3号土几乎不含铁粉，但从它带有一些树叶屑似的物质，以及保水力良好这几个方面来看，我确定它是很健康的泥土。

没错，泥土所含的有机物越多，则保水力也会越强。

再者，仔细观察3号土，

你会发现泥土呈圆形块状。

圆形

圆形

咦，真的呀！

健康的泥土才会呈现如此逐渐结块的团粒构造，此时，空气会在呈块状的泥土之间流通，促使植物往地底下扎根，进而让植物得以在土壤中呼吸氧气。

这样的条件可以帮助植物进行自然净化，而会有这类泥土的地方……

植物

空气

雨水

蚯蚓

当然就是很深很深的森林啰！

没错，就是没有遭人类破坏和污染的原始森林。

点头

太好了！3号土是森林中健康的土！

难题在于4号土。

它含有过量的油污和铁粉，形状、大小不一，粗糙，而且很干燥。

4

根据观察结果，我认为它应该是加油站或工厂一带的泥土，或者来自炼铁厂或汽车修理厂？

搔头 搔头

工厂

炼铁厂

加油站

汽车修理厂

没错，这种遭污染的泥土在都市里到处可见。

范围太广了……

答案会不会就是城市的泥土呢?

不过，即便是城市的泥土，学校操场或公园的泥土也是不可能含有油污的。

说得也对。

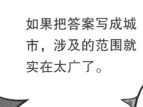

如果把答案写成城市，涉及的范围就实在太广了。

还是要从工厂或加油站选择一个作为答案吧?

我想正确答案应该没有那么简单，这些泥土……

啊!

也许就是……

你看！

泥土依其大小分离了！

像这样摇晃箱子时，由于体积较小的颗粒会沉淀在底层，体积粗大的颗粒则会聚集在上层，所以比较容易观察它的结构。

啊，原来如此！不过，为什么体积较小的颗粒会沉淀在底层呢？

那是因为……

摇晃

每当摇晃箱子时，较大的颗粒会互相碰撞，以致逐渐产生空间，此时较小的颗粒会掉入其中并填补空间，

经过反复摇动，就会沉淀在箱子的底层。这样的现象只会出现在颗粒状的物质中。

啊……

啊？怎么了？

这是……

你看！

由许多颗粒结块而成的黑灰色碎块，看起来像是从什么地方脱落的……

啊！

啊！

光是这一块就可以证明4号土的来源了！

我知道是什么了！

没错！

两队的比分是2比1，由黎明小学暂时领先。

好，接下来是3号土！这次……

我们先来看两所学校的答案好吗？

金石小学的答案是……

花园的泥土。

3
花园的泥土

而黎明小学所写的答案是森林中健康的泥土。

3
森林中健康的泥土

我们来看正确答案。

撕撕撕

咚！

森林的
树木底下

好，3号土是从森林的
树木底下所采集的泥土！

这是没有遭受任何污染、
很健康的泥土，通常会掺杂一些
树叶碎片等物质。

这种土富含有机物质，
可供许多微生物摄取，而此类微生物
的排泄物和分泌物便可成为植物
最好的养分。

不过说到花园和田地，
人类常使用化学肥料，

而这些化学肥料大多会很快被
植物吸收。但化肥会影响微生物
的生存环境，导致微生物存活时
间减少甚至无法正常繁殖。

所以在各种实验中，
会呈现有别于森林泥土的
结果。由此判定，
金石小学的答案是错的。

147

而黎明小学的是正确答案。

哇啊啊

好，接着我们来看最后4号土的答案。

而黎明小学的答案是道路边的泥土。

金石小学的答案是废气很多的城市工厂，

4
废气很多的城市工厂之泥土

4
道路边的泥土

金石小学，请问你们认为4号土为城市工厂泥土的理由是什么呢？

惊吓

是……

经……经由各种实验后发现，内含油污，

酸度很高，而且泥土的状态也不均匀，因而做出这样的推测。

那黎明小学是根据哪一点认为它是道路边的泥土呢？

呃……心怡……

我？

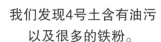

我们发现4号土含有油污
以及很多的铁粉。

根据这样的特征，
我们认为它是在城市中常见的泥土，
接着对泥土颗粒进行分离实验后，

发现有些许的
沥青碎块，由此判定它
是道路边的泥土。

好棒呀！

加油！

停顿

沥青碎块？

很好，
答案正确！

撕

4号土是道路边的泥土，通常车流量较大
的地方比较容易遭受油污的污染，
也很容易出现干燥的土。

道路边

还有就是比较容易
掺进一些铁粉或重金
属、沥青碎块等物质。

锵

叭……叭

叭叭

150

你怎么会出现？当初你不是一副死也不肯来的口气吗？

哼……

你不是说有要紧事吗？

不屑

你非来不可！这可是攸关实验社未来命运的事！

当然有要紧事！

根据我严密的调查结果，发现大雁是喜欢群居生活的鸟类，而且在飞行时，会排成"人"字形的队形。

以这种队形飞行的原因，在于领队大雁在飞行时所制造的气流，能使得跟在后方飞行的其他大雁受到较小的风阻，进而得以增加飞行距离。

气流

大雁的飞行队形

因此，体力较好而且健康的大雁会轮流充当领队的角色，相对地，体力较差的大雁则依排序跟在两侧飞行。

我又没有叫你帮我解释！

嘿

……

153

你到底想干吗?

嘘!这里才是重点!

继续!

嗯,好。

当有一只大雁因为受伤或体力耗尽而脱离队伍时,

雁群中会有两三只留下来照顾它,直到它康复后,等到下一个队伍路过时便会加入其行列。

摇摇欲坠

嘎

等我们!

这里就是重点!我建议我们来扮演留下来照顾它的角色!

你的意思是把它治好,让它能够加入下一个飞行队伍!

好!我觉得这个想法不错!

嗯……士元！

哼……

结

冰

转身

发飙

什么无聊？这可是一件性命攸关的事！

转

以后不要再为这种无聊的事叫我过来！

哎呀，士元啊，既然人都来了，你就等我们一起回去嘛！

对呀！

呜……呜……

我看你们对我有很大的误解。

157

哎呀！

心怡！ 你怎么了？

别……别跑！

是兔子！

它是……
比赛前一天，

瑞娜打算要解剖的
兔子，我为了救它才
带来这里的……

解剖？

东躲西藏

对了，小宇，我可以暂时把兔子留在实验室吗？不然它没有地方可去。

嘎嘎

嘎嘎

我看今天就让它先睡在这里，明天再请示柯有学老师。

你是打算把实验室变成动物园吗？先是大雁，这回又是兔子……接下来还会有什么？

暴怒！

你又在找我麻烦！

转身……

为了方便整理，

我们应该先想办法让大雁归队才对吧！

啊？

自来水净化过程大公开

如今想要在地球上找到可供人类直接饮用的水源，几乎成了有如海底捞针般困难的任务。原因在于即使是看起来很纯净的水，也有可能含有过量的微生物，甚至含有对人体有致命影响的致病菌。而这也正是过去以地下水或河水作为饮用水的人类，会罹患霍乱等传染病的原因之一。好在如今除了少数国家外，几乎所有的国家都通过供水系统提供干净的自来水供国民饮用。

净水处理厂的场景

现在，就来看看我们日常饮用的自来水，到底是经过哪些过程而制得的。

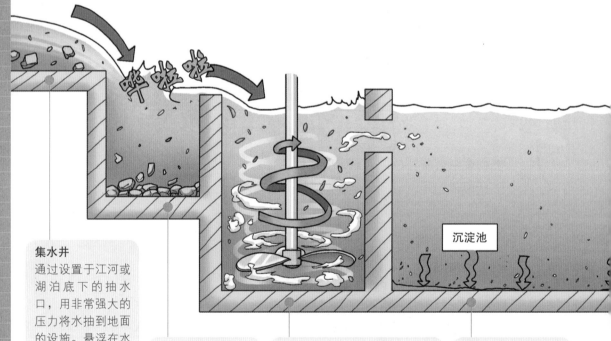

沉淀池

集水井
通过设置于江河或湖泊底下的抽水口，用非常强大的压力将水抽到地面的设施。悬浮在水中的各种物质也会一起被抽入。

沉沙池
用来去除水源所含的沙土的设施。

混凝池
根据水质检测结果，将各类药品倒入并均匀混合的设施。此时，利用混凝剂把水中的胶体及悬浮性固体物凝结成沉淀物。

沉淀池
使混凝池所制得的沉淀物沉降到池底，将积于上层的水排放出去的设施。

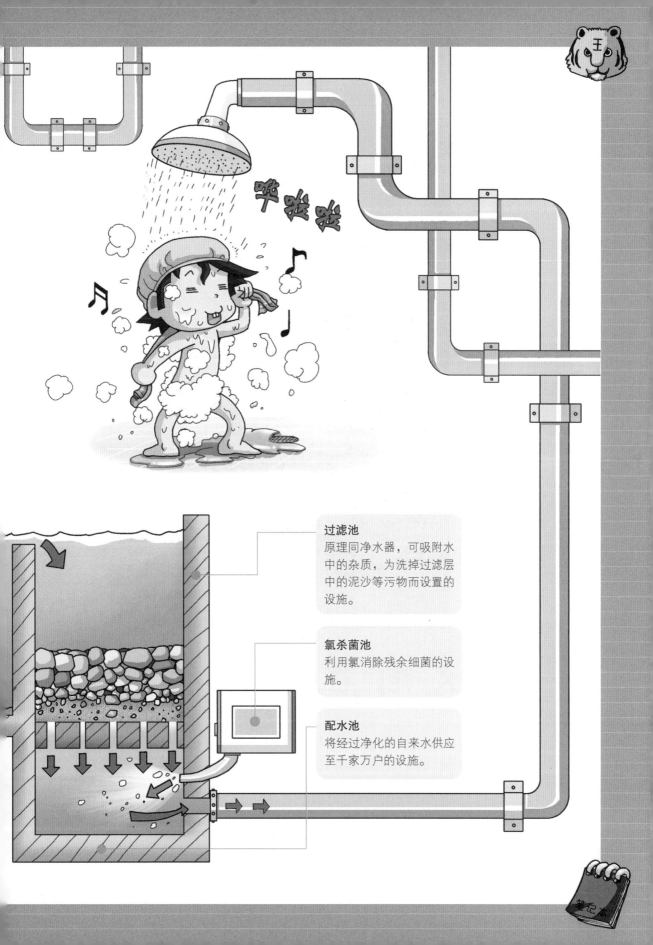

过滤池
原理同净水器，可吸附水中的杂质，为洗掉过滤层中的泥沙等污物而设置的设施。

氯杀菌池
利用氯消除残余细菌的设施。

配水池
将经过净化的自来水供应至千家万户的设施。

第六部

大自然的定律

等一下，这里可是我家附近呢！

砰！

坠落

哇，真的？好巧啊！

呀

惊讶

真没想到呢！啊哈哈哈！

有问题

这么说，这里应该就是大雁迁徙的途径。

那这附近应该会有河川或稻田才对啊……

你是真不知道还是在装傻？

有！

虽然离这里有一段距离，但那边确实有河川和稻田。

稻田？大雁喜欢吃稻米吗？

你是不是真的调查过大雁的习性啊？

由于大雁喜欢吃草根、嫩叶或谷物，

所以它们会循着容易觅食的江边、泥滩、芦苇田或稻田等地方迁徙。

而这也就是我们无法在山上看到大雁的原因。

好，来吧！

你犯规！

我们来比谁先跑到那里！最后一名是笨蛋！

小宇，等一下！

哒哒哒

我是第一名！

我快要喘不过气了！

总之，笨蛋是……喂，笨蛋！接下来要做什么？

呼

换你来告诉我啊！

尴尬

你不是骂我笨蛋吗？

我们要等到其他大雁队伍出现。

绝大部分的大雁属于夜行性，因此它们习惯在傍晚时开始迁徙。接下来……

哼

接下来呢？

就要看它自己的了。

我们能够做的也只有到这里。

唰唰唰唰……

175

啊！这家伙突然怎么了？不要动啦，你好烦呀！

你们看那里！

哇！

是雁群！

它们开始迁徙了，赶快把它给放开！

我就是在等你这一句话！

唰 唰 唰

来，起飞吧！

嘎嘎

拍动

拍动

唰

啊，干吗？你干吗要落地？

赶快跟过去呀！

难道是翅膀尚未痊愈?

会不会是因为连续好几天被关在笼子里才会这样?

如果再不起飞,它就永远跟不上了。

怎么办?我们总不能就这样袖手旁观吧?

无计可施。物竞天择,适者生存,这就是大自然的定律。

在动物的世界里,有着人类无法干预、属于它们自己的定律与生存方式。

猎食

179

183

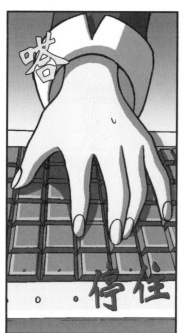

啊！
真的吗？

这么说……

是真的！
我刚刚才跟校长
通过电话！

心怡去参加了实验比赛吗？

何止如此，结果竟是黎明小学以4比1击败了金石小学！

你当初不是说他们一定会输的吗？

你们干吗吓成这样？蚯蚓帮忙翻土，泥土才会变得更肥沃！

我真佩服你，竟然敢卖从山上挖来的泥土！你不怕下雨天出门被雷公劈死啊？

这些可不是随便挖来的土！

一切都是经过精挑细选的，是能找到的最健康的土！

这不是我要的土！

还有，这些包装是我昨晚熬夜赶工才完成的！

不只如此，为了要找对土有益的蚯蚓，我可是吃尽了苦头呢！

这种话只有鬼才会相信……

要不是为了还清债务，我也不想这么做好不好！

187

啊！

哼。

被你搞砸啦！

哎呀！救命啊！你不可以弄脏我的衣服啊！

狮子吼

等一下，我现在才发现你今天的打扮还挺特别的呢！

蝴蝶领结

蚕丝背心

光滑脸蛋

白衬衫

高级皮鞋

西装裤

小宇，拜托你用点脑袋好不好。你也知道小倩她很崇拜我，是因为我是实验社的成员。

而我呢，已经正正当当地取得了全国大赛的参赛权，这不正是向她告白的最佳时机吗？

那我也来向心怡告白吧！

对呀，我怎么都没想到呢？

别做梦了！

哦，你们还真快呢！

好久不见，同学们！全国实验大赛的赛程表已经出炉了！

首先，告诉你们比赛的进行方式！

啪

全国实验大赛的比赛队伍，均以电脑抽签方式加以决定。

直到前四强出炉之前，一律采取淘汰赛，之后便进行准决赛与总冠军赛。

淘汰赛？意思是只要输一场就会被淘汰了？

没错，直到前四强！

而我们在第一场比赛会交手的队伍，是大海小学！

大海小学？

惊骇

没有啊，
我只是想制造一点
紧张的气氛。

小宇，你怎么了？
你对那所学校的底细
有所了解吗？

愤怒

紧张 紧张

嘿嘿……

当然，
了解对方固
然重要，

但更重要
的是……

勒

咚

更要了解自己
的能耐。

点头
点头

你们每个人的身上，都佩戴着
武器和盾牌。唯有懂得善加
利用自身武器的人，

才能够让自己的武器变得更加锐利，
让盾牌变得更加坚固。

什么是环境污染？

　　所谓环境污染，是指有害的物质或因素进入环境，并在环境中扩散、迁移、转化，使环境系统的结构与功能发生变化，进而对人类及其他生物的生存与发展产生不利影响的现象。例如化石燃料的大量燃烧，使空气中的二氧化碳含量急剧增高，工业废水和生活污水的排放使水质变坏等现象，均属环境污染。在环境管理的实际工作中，通常以环境的标准值来评定环境是否发生污染以及污染的程度。在不同的国家或地区，由于社会、经济、技术方面的差异，制定和使用的环境标准也有所不同。

大气污染

　　所谓大气污染，是指空气中含有一种或多种污染物，其存在的量、性质及时间会伤害到人类及动植物，造成财物损失，或干扰舒适的生活环境，例如臭味的存在。换言之，只要是某一种污染物的量、性质及存在时间足以对人类或其他生物、财物产生影响，我们就可以称其为大气污染。

© shutterstock

工厂废气 大气污染的元凶之一

大自然所排放的气体

工厂的废气

重型装备的废气

家畜及其排泄物所释放的废气

汽车尾气

土壤污染

所谓土壤污染，是指进入土壤中的有害或有毒物质超出土壤的自我净化能力，导致土壤的物理、化学和生物学性质发生改变，降低农作物的产量和质量，甚至危害人体健康的现象。土壤污

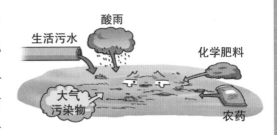

染还会连带使地下水被污染，污染物扩散，使污染整治更加困难。根据污染物的性质不同，土壤污染的污染源可分工业污染源、农业污染源、生活污染源、生物污染源等。如果根据污染物进入土壤的途径来区分，污染源则可分为大气输送的污染物、酸雨、化学肥料、农药、人类所排放的生活污水等几种。

水污染

所谓水污染，主要是指某些物质的介入，而造成水体物理、化学、生物或放射性等方面特性的改变，从而影响水体正常利用，危害人类健康及生活环境的现象。在人类的日常生活中，无处不需要水，例如农业灌溉、工业生产、水力发电等都与水资源的利用有着密不可分的关系。水在人类生产生活中扮演着举足轻重的角色，所以保护水资源是每个人的责任和义务。

因各种垃圾而遭污染的湖泊

| 稻田的化学肥料 | 工厂的废水 | 生活污水 | 地底下的化学物质 | 垃圾填埋场 |

全球气候变暖

在20世纪，全球平均气温比100年前上升了0.6℃左右。导致全球气候变暖的元凶就是大家熟悉的二氧化碳。

原本，地球的大气层所含的二氧化碳保持着一定的量，但现在二氧化碳含量过多，使得地表的红外线被二氧化碳吸收而无法回到太空中，促使地球的温度不断攀升。19世纪的工业革命虽然带给人类相当便利的生活，但也因发展工业而排出过量的二氧化碳，使环境产生剧烈的变化。如果全球气候变暖现象持续恶化，低洼处的土地将被海水淹没，部分地区会粮食短缺，还可能有将近一半的物种完全灭绝，人类也可能面临前所未有的浩劫。

© shutterstock

因地球暖化而逐渐融化的冰山

烟雾

烟雾（smog）一词是由"烟（smoke）"和"雾（fog）"结合而成的，是指物质燃烧后产生微细颗粒物，并悬浮在空气中的现象。烟雾主要产生在城市或工厂等废气排放很严重的地区，不仅造成严重的空气污染，同时也会引发视觉、呼吸及消化方面的障碍，更甚者会引起心肌梗死及一氧化碳中毒等症状。1952年在伦敦夺走一万多条生命的烟雾事件，就是烟雾所造成的重大环境灾害事件之一。

酸雨

　　pH值小于5.6的雨水，称为酸雨。通常，正常雨水本身略带酸性，pH值约为5.6，但在空气污染较为严重的地区，就会下起带有强酸性的酸雨。造成雨水酸化的污染物很多，其中最大的元凶就是工厂、汽车、家庭所排放的有害气体。而这些有害气体中的硫氧化物和氮氧化物遇到水蒸气后，便转化为硫酸或硝酸，并随着雨水滴落。

因酸雨而遭腐蚀的建筑物

© shutterstock

　　酸雨会通过各种途径对生物造成极大的影响，其中最明显的例子就是流入河流或湖泊，造成鱼类大量死亡。除此之外，酸雨会溶解土壤中的金属元素，造成矿物质大量流失，使得植物因无法获得充足的养分而枯萎或死亡；同时酸雨还会腐蚀建筑物、公共设施、古迹和金属物品，造成人类经济、财物及文化遗产的极大损失。为了防止酸雨，我们人类要做的最大努力，就是抑制硫氧化物和氮氧化物的排放。

图书在版编目（CIP）数据

环保与污染/韩国小熊工作室著；(韩)弘钟贤绘；徐月珠译. —南昌：二十一世纪出版社集团，2018.11(2025.3重印)

（我的第一本科学漫画书. 科学实验王：升级版；6）

ISBN 978-7-5568-3822-6

Ⅰ. ①环… Ⅱ. ①韩… ②弘… ③徐… Ⅲ. ①环境污染—污染防治—少儿读物 ②环境保护—少儿读物 Ⅳ. ①X-49

中国版本图书馆CIP数据核字(2018)第234051号

版权合同登记号：14-2009-113

我的第一本科学漫画书
科学实验王升级版❻环保与污染　　[韩] 小熊工作室/著　　[韩] 弘钟贤/绘　　徐月珠/译

责任编辑	周 游
特约编辑	任 凭
排版制作	北京索彼文化传播中心
出版发行	二十一世纪出版社集团（江西省南昌市子安路75号　330025）
	www.21cccc.com（网址）　cc21@163.net（邮箱）
出 版 人	刘凯军
经　销	全国各地书店
印　刷	江西千叶彩印有限公司
版　次	2018年11月第1版
印　次	2025年3月第14次印刷
印　数	85001～94000册
开　本	787mm × 1060mm 1/16
印　张	12.5
书　号	ISBN 978-7-5568-3822-6
定　价	35.00元

赣版权登字-04-2018-404

版权所有，侵权必究

购买本社图书，如有问题请联系我们：扫描封底二维码进入官方服务号。服务电话：010-64462163（工作时间可拨打）；服务邮箱：21sjcbs@21cccc.com。